U0031688

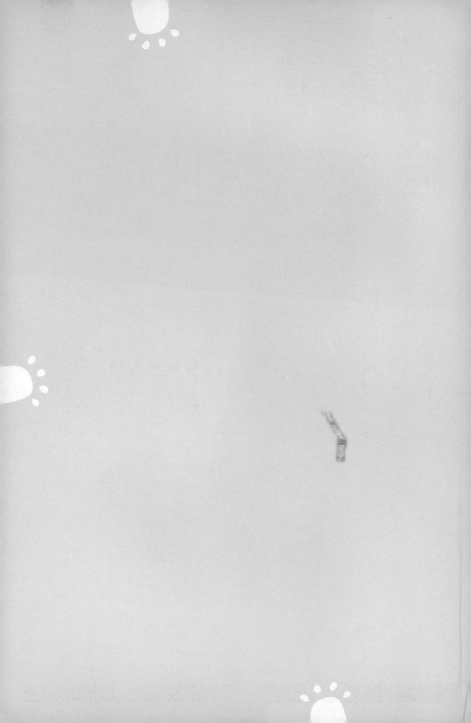

CAT

超簡單！

每天十分鐘．輕鬆按按保平安

JIN SHIN JYUTSU: HEILSTRÖMEN FÜR KATZEN

貓咪健康按握術

TINA STÜMPFIG-RÜDISSER

作者—蒂娜·史丁皮格·盧汀瑟

目　錄

FOREWORD

前言

仁神術是種出於本能的醫學知識，人一生下來就已具備，而且總在不知不覺中反覆運用。

例如，思考時兩手支著頭，能活化大腦特定區域，幫助我們回想事情；小孩在學校經常把兩手坐在屁股下，這樣精神更能集中，聽課更專心，上課的內容也記得更清楚；雙手要是抱胸，會觸動肘部一個點，幫助我們展現權威與氣勢。我們也會本能把手放在自己或者動物身上的疼痛部位，這也有安撫效果。

人人都懂得仁神術，我們只需練習如何把它召喚回來。

仁神術是種溫和的治療技術，能夠調節生命能量，不僅適用於人，也適用在貓咪與狗兒身上。只要把手放在身體特定部位，就能再度使生命能量流動，啟動自我治療的力量，減輕疼痛，緩解症狀，甚至是完全痊癒。

能量的流動提供了簡單又美好的機會，讓身心靈得以恢復平衡。

如果你的毛小孩正在接受獸醫治療，或者即將動手術，你可以運用仁神術幫助貓咪度過病痛，在手術後強化元氣，或者讓治療過程更順暢，減少麻醉帶來的不適。

只要按握住身體特定的點，「跨接」生命能量，就能促使能量和諧均勻、有力流動。生命能量和諧流動，才能擁有健康與幸福。

即使貓咪沒有任何症狀或者出現什麼毛病，你也能運用這種流量流動的方式，幫助貓咪預防重於治療。只要短短幾分鐘時間，就能強化貓咪的抵抗力，保持健康。

你不需具備基礎知識，就能輕而易舉參考本書，運用仁神術這個神奇的方法。不過，仁神術不單純只是一種「方法」喔，它還有很多奧秘呢！接下來，請和你的貓咪一起享受仁神術這門藝術吧！

編按：「貓狗健康按握」術源自仁神術。仁神術並不能取代醫療，強烈建議您先帶毛小孩就醫確診並且診治，再佐以仁神術，讓牠身心舒適。

1

CHAPTER

仁神術是什麼？

chapter
one

仁神術是調和身體內在生命能量的古老藝術。如果生命能量和諧流動，人和動物就會健康；若是能量路徑阻塞了，身體就會不舒服，或者出現輕微症狀；能量要是一直失衡，症狀會越來越明顯，不只會演變成慢性疾病，還可能又再出現新的症狀。

治療能量流這種古老知識，自古便存在於不同的文化裡，用來療癒自己和他人，僅靠口耳相傳，最後隨時間而遭人遺忘。不過，這份珍貴的知識在東方並未完全失傳，有個名叫村井次郎的日本人，在二十世紀初期重新喚回這門珍貴的藝術，並命名為「仁神術」，並傳給弟子加藤春樹與瑪麗‧柏邁斯特。

「仁神術」由三個日文字組成：
仁（Jin）：慈悲的博學者
神（Shin）：造物主
術（Jyutsu）：藝術

「仁神術」即為「造物主藉由慈悲的博學者所展現的藝術」。

用更口語的說法來說，仁神術是種「療癒的能量流」，也可直白地稱為「能量流」，因為手按住身體特定的能量氣點，就讓生命能量再度順暢「流動」。只要練習一下，就能感受這種流動。

這些能量氣點稱為「安全能量鎖」，一共有 26 個，位於給身體帶來生命的能量路徑上，路徑若有堵塞，將會阻斷相關區域內的能量流動，導致整體能量流動模式混亂無序，最後造成失調與疾病。在能量鎖上，能量高度集中，只要簡單用手按握，就能輕易疏通阻塞。

只要將雙手放在特定的安全能量鎖上，就能幫助你的貓咪恢復身心靈的和諧。

2
CHAPTER

仁神術施作方式

chapter
two

仁神術原本是為了療癒人類而又重新發現的,不過這能量充沛的法則也適用於動物,當然也同樣能用在貓咪身上。貓咪甚至多半比人更快能產生能量流動,不只是因為牠們的能量振動不一樣,或許也跟牠們不會給自己設下心理障礙有關。

對人施作仁神術的規則是:啟動成人能量循環約一個小時,小孩約二十至三十分鐘,動物大概十到十五分鐘,甚至更短。貓咪若是覺得可以了,會清楚讓你知道,因為牠會起身離開。

實行仁神術時,多半是握住身體上兩個氣點,通常就是兩個能量安全鎖。將手指或手掌放在氣點上,直到生命能量開始順暢流動為止。你可以感覺得到流動,那就像發麻,也像內在的流動或者規律的脈動。每個人的感受或許有所不同。你只要握住這些氣點,其他什麼也不用做,不需要輸入自己的能量,而是把雙手當做所謂的「跨接線」,再度為「能量電池」充電,使生命能量充沛飽滿,流動暢行無阻。

在感受到規律均勻的流動或脈動之前,手指、指尖或者手掌請一直放握在指定的氣點上。剛開始沒有經驗,不太容易察覺到這類流動或脈動,需要一點時間才能專注心神面對細膩的能量,更清楚地察覺到流動。

施作時間長短,根據以下基本原則就行:每個氣點按握

大約三分鐘，就可以移到下個氣點或進行下一個按握。
如果只要按握一處，則可持續十到十五分鐘。

長一點的能量流，例如正中能量流由七個步驟形成，每
個按握只要兩分鐘就行了，這樣貓咪只要連續十五分鐘
進行能量流動。當然你也可以把流動順序分段，一天施
作多次。

就像上面提到的，貓咪會讓你知道牠是否覺得夠了，牠
可能扭頭轉身，變得躁動，或者乾脆走開。有時候不到
一分鐘就會出現這種情況。別擔心，你可以晚一點再做
一次。

3
CHAPTER

有效建議

能量流施作注意事項
。
放鬆自己
。
持續不懈
。
保持耐性
。
二十六個能量鎖

chapter
three

能量流施作注意事項

- 盡量營造寧靜氣氛，不受外界打擾。
- 事先餵飽貓咪，免得在按握過程中肚子餓，生理需求干擾了寧靜。
- 決定要施作的氣點或者能量流。
- 一開始先按住初次集中能量流的氣點（請見 31 頁）。
- 再把手或手指放在所選的能量氣點上。
- 請一直輕按著，直至感覺到穩定均勻的流動或脈動（每個按握只要二到三分鐘）。
- 根據要對治的問題，每天施作二至三次，更多也行。貓咪會讓你知道牠覺得怎麼樣最好。
- 大部分的毛病，有好幾種安全能量鎖或者能量流施作可能，請多嘗試，看看哪種感覺最好。如果貓咪不喜歡某一種按握，請你換另外一種。
- 你不會做錯的！

放鬆自己

仁神術運用起來不花力氣，請無需緊張，也不必費力使勁。仁神術是很簡單的！你只要注意怎麼做能讓自己和寵物感覺舒適就行了。不要把注意力放在症狀上，只想設法消除，請把注意力放在和諧與否，關注始終存在的生命能量。請你察覺這股為身體注入生命的脈動，保持能量循環生生不息。促進能量流動，可強化這股脈動，使創造、滋養與修復身體的能量流和諧均勻。

跟隨你的本能，走出自己的路。再提醒一次：你什麼也不會做錯的！即使不小心「按錯」氣點，也不會產生不良後果，頂多要多花一點時間才會出現效果。

能量流自始至終與身體智能相連結，身體最終會根據自身的需求來決定如何使用。

持續不懈

若是患有重症或慢性病，更要經常促進能量流動。你可以一日多次，經常性地疏通能量，每次只進行幾分鐘；或者 一日一次，時間持續久一點。

施作時，請以貓咪感覺舒適與否為重。

除此之外，別忘了健康的貓咪也需要疏通能量，定期活化能量流動，貓咪才能進入深層放鬆狀態，好好地療癒。

保持耐性

如果針對某個問題施作仁神術，一開始卻沒有出現任何變化，請稍安勿躁，身體總會先調整生物所迫切需求的部分。也許你的貓咪施作後變得比較沉穩、比較放鬆，也或許忽然排除了其他的症狀。有時候即使我們毫無察覺，仁神術依然發揮作用。

不過，這不表示仁神術能夠取代醫師。貓咪生病、虛弱或者受傷時，請你務必要找醫生治療，額外佐以能量流輔助。

請懷抱信心，放鬆自己，不要感到壓力，好好享受與寵物在一起的時光。請期待施作仁神術的效果，有時候很快出現，有時候則是出現在意料之外的地方。每次能量流動後，會感覺更加調和，也同時強化了免疫系統，啟動自我療癒的能力。

二十六個能量鎖

能量鎖又稱安全能量鎖（簡稱 SES）。如同前面提過的，
能量鎖是身體上特定的氣點，能量高度集中在此。這些
地方具有高傳導力，一經碰觸，就能把刺激傳入能量流、
傳入能量路徑。

二十六個安全能量鎖成雙對稱分布在身體兩側。

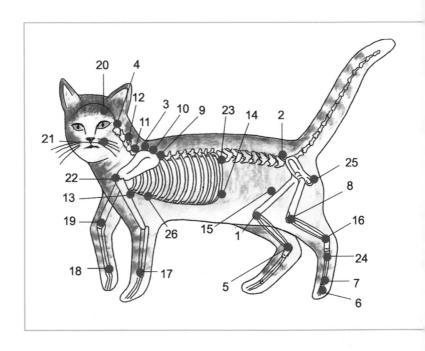

以下說明貓咪身上安全能量鎖的位置：

1	膝蓋內側	13	胸
2	骨盆上端	14	最後一根肋骨
3	肩胛骨上方與脊柱之間	15	腹股溝
4	顱底下方	16	後腳踝外側
5	後腳踝內側	17	腕部外側
6	後腳掌底外側	18	腕部內側
7	後腳跗骨外側	19	肘部內側
8	膝蓋外側	20	額頭
9	背部上端，肩胛骨下方與脊柱之間	21	顴骨底部
10	背部上端，肩胛骨中間與脊柱之間	22	鎖骨
11	頸椎底部	23	最後一根肋骨和脊柱之間
12	頸椎中間	24	後腿跗骨外側
		25	坐骨下方
		26	肋骨旁的腋窩處

貓咪的能量鎖直徑約一個腳掌大小，若換成人類，則為一個手掌。能量鎖夠大，所以不需擔心沒有確實按中氣點。就算一開始沒有準確按到也不礙事。多練習，逐漸熟悉各個能量鎖的位置，很快就能夠按準的。

由於你不可能促成能量錯誤流動，況且這是門藝術而非技術（你可是個藝術家呢），所以請多多實驗、盡量嘗試，你總有一天會感覺怎麼樣才會舒服，貓咪什麼時候才會放鬆。

不管哪一種毛病或者症狀，讓能量流動的可能性很多，發揮你的創意，跟著本能施作。對自己和貓咪要有信心，貓咪可是十分清楚自己需要什麼呢！

4
CHAPTER

一般性調和能量

初次集中能量流
。
活化能量流
。
腳掌能量流
。
正中能量流
。
監督者能量流

初次集中能量流

想要讓貓咪平靜下來，可以用初次能量流。

下列的按握適合作為治療的開始：一手請握住 SES13（胸部左邊約第三根肋骨的高度），另一手按住 SES10（背部上端，肩胛骨中間與脊柱之間）。

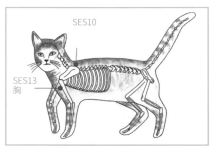

這是很好的按握開始，等於先向貓咪打聲招呼，讓牠有心理準備，進入放鬆狀態。它能平衡貓咪的呼氣與吸氣，幫助牠平靜下來，參與能量流動。

初次集中能量流的按握對以下症狀有幫助：
· 所有呼吸問題
· 過敏
· 咳嗽
· 支氣管炎
· 懷孕
· 遭受冷落與虐待的貓咪
· 怯弱的貓咪

活化能量流

對受傷、休克與過熱,是很好的急救按握。

這個簡單的按握很療癒,不僅能活化能量,也帶領貓咪進入深層的平靜。平時不喜歡被人碰觸的焦躁貓咪一樣適用。

施作於身體左側:
左手放在身體左側的 SES4(顱底下方),右手放在左側 SES13(胸部)。

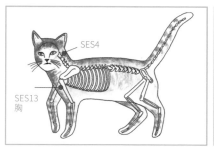

施作身體於右側,請左右交換:
右手握住右側 SES4,左手放在右側 SES13。

活化能量流的按握對以下症狀有幫助：
- 調和情緒
- 消除一般疲勞
- 改善頭部相關毛病
- 強化眼睛
- 分別加強兩側腿部
- 對臀部有幫助
- 有益於臨終過程的按握（請見 176 頁）

腳掌能量流

貓咪受傷時,腳掌能量流按握可以作急救之用。

施作腳掌能量流,必須分別握住前腳掌與身體另一側的後腳掌。換句話說,左前掌與右後掌一組,右前掌與左後掌一組。

這是個十分簡單卻非常有效的按握,隨時隨地都可施作。

腳掌能量流能可以修復全身,促進再生,幫助骨折與扭傷復原,強化脊椎,緩解背部毛病。若是中風,這是個非常重要的能量按握。

正中能量流

正中能量流力道強健,能夠讓貓咪身心和諧平衡,恢復生氣。

正中能量是把人和動物結合宇宙生命之源、神聖能量,以及於體內注入能量的泉源。正中能量流也叫做「奇蹟療癒者」、「主要中心能量流」或「中央能量流」。流動的通道就在身體正中央,以人類來說,是在身體前側往下流動,再從後側往上湧升,源源不歇;動物的正中能量流,則是繞著身體底部與背部流動。

村井次郎也把這股能量流稱為「偉大的生命氣息」,串連起精神與物質。有了這股能量流,生命才有可能。正中能量流提供能量給體內運作的一切需求。

按住特定的氣點,可以幫助正中能量流活躍充沛,暢行無阻。請別被這能量流的長度嚇到了。只要能量一流動,你就會發現按握這股能量流自有道理,而且很簡單。由於正中能量流最為強健有力,所以值得按握,再三運用。請從左側開始流動。施作這股能量不像表面看起來那麼複雜。

步驟一：左手請放在兩側 SES13 之間，就在胸部中間。
在能量流動過程中，左手都不要移開。右手放在兩側
SES25（坐骨下方）中間，也就是脊柱底部。

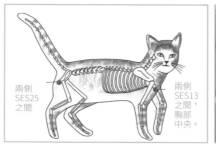

兩側
SES25
之間

兩側
SES13
之間，
胸部
中央。

步驟二：請將右手放在兩側 SES2 中間，就在骨盆上端。

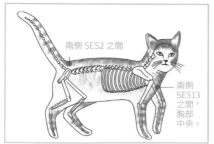

兩側 SES2 之間

兩側
SES13
之間，
胸部
中央。

步驟三：右手放在兩側 SES23 中間，最後一根肋骨和脊柱之間。

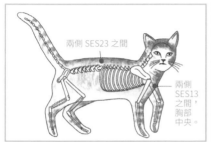 

步驟四：右手一次放在兩側 SES3、10 與 9 中間，位置就在肩胛骨之間。

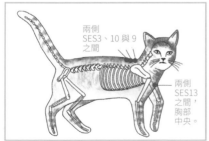 

步驟五：右手放在兩側 SES11（頸椎底部）中間。

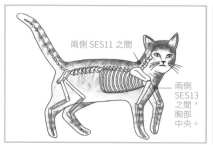

步驟六：右手放在兩側 SES12（脖子中間的脊柱旁）與
SES4 之間，也就是在脖子中央。

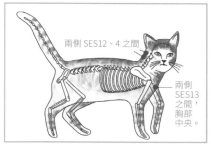

步驟七：右手放在兩側 SES20 之間，就在額頭中間。

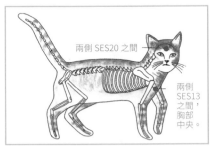

正中能量流的按握對以下症狀有幫助：

・放鬆身體、精神與神經
・帶給身心靈新的精力與能量
・強化免疫系統
・協調內分泌系統
・促進代謝
・啟動自我療癒力
・治療深層精神創傷
・化解恐懼與憂鬱
・強化脊柱
・對於神經系統與心血管系統有正面作用
・從頭到腳和諧協調

監督者能量流

監督者能量流可以協調與平衡身心。

準確來說,監督者能量有兩股,對稱分布在身體兩側流動。

監督者能量流的名稱來自於它所執行的任務,也就是監督身體兩側,強化兩側功能,進而支援位於此能量流上的能量鎖。監督者能量流和正中能量流一樣,效果深遠而且廣泛。

監督者能量流的按握,由於對所有阻塞都有效,可用於一般能量調和。如果不知道應該疏通哪些能量流,也可以施作監督者能量流。

施作於身體左側：

步驟一：一手放在左側的 SES11（頸椎底部），一手放在左側 SES25（坐骨下方）。

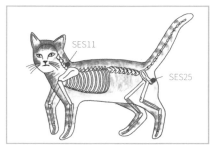 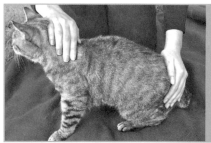

步驟二：一手放在左側 SES11，另一手放在左側 SES15（腹股溝）。

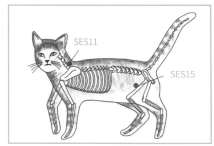 

施作於身體右側時，請左右交換：

步驟一：一手放在右側 SES11，一手放在右側的 SES25。

步驟二：請一手放在右側 SES11，一手放在右側 SES15。

監督者能量流能的按握對以下症狀有幫助：

・具備隨時可施作的便利性

・加強整個能量系統，調和身心

・協調呼吸

・加強消化

・強化脊柱

・提升骨折的療效

・幫助消除壓力

・對於所有能量鎖都有益，能夠促進能量流的和諧

・幫助處理嚴重狀況

5

CHAPTER

其他重要能量流

脾能量流
。
胃能量流
。
膀胱能量流

chapter

five

另外有三種重要的能量流,一樣強旺夠力,作用深入,分別是脾能量流、胃能量流與膀胱能量流。

器官能量流不僅關係到器官本身,也涉及該器官的能量品質,亦即非器官方面的身體和精神相屬關係。

你可以疏通特別有需要的、出現症狀或者症狀嚴重的身體一側,也可以先後流動身體兩側的能量。即使只流動身體一側的能量,對另一側一樣有作用。

脾能量流:
是有益免疫系統最重要的能量流,可以修復全身,為所有器官供應能量,強化中心,幫助我們信任生命。

胃能量流:
胃能量流能保持中央開放,使得能量暢行無阻,從頭到腳淨化調和全身。

膀胱能量流:
能幫助剛從收容所接來的貓咪,給予內在深層的安全感與祥和。對去勢或結紮前後的貓咪也非常有幫助。

脾能量流

脾也稱為「笑的場所」，脾能量流則是「私人日曬機」。
脾能量流是有益免疫系統最重要的能量流，可以修復全
身，為所有器官供應能量，強化中心，幫助信任生命。
此外，脾能開啟太陽神經叢，提供養分給其他能量流。

脾能量流的按握對以下症狀有幫助：
· 可以減輕許多痛苦，是貓咪重要的能量流
· 消除深層的恐懼
· 治療創傷
· 解除壓力與不安
· 強化免疫系統
· 不會過度敏感·除去膽怯
· 使皮膚更健康
· 減輕過敏
· 補強造血功能
· 強化結締組織
· 有效對治腫瘤
· 強化脾臟

施作於身體左側：

步驟一：右手放在左側 SES5（後腳踝關節的內側），左手放在尾骨（脊柱底部）。

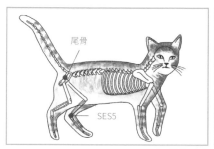

步驟二：左手放在骨尾不動，右手放在右側 SES14（右側身體中間，最後一根肋骨下方）。

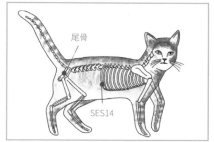

步驟三：請把右手放在右側 SES14，左手移向左側的
SES13（胸腔左側稍微在第三根肋骨下方）。

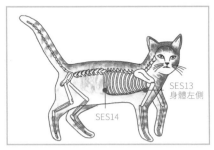 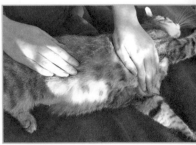

步驟四：右手仍舊停留在右側 SES14，左手改放在右側
SES22（右側鎖骨下方）。

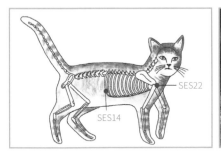 

施作於身體右側，請左右交換：

步驟一：左手放在右側 SES5，右手放在尾骨。

步驟二：右手保持不動，左手移向左側 SES14。

步驟三：左手放在左側 SES14 不動，右手移到右側 SES13。

步驟四：左手繼續放著不動，右手放至左側 SES22。

脾能量流的快捷按握：

請見脾能量流步驟一（47 頁）

胃能量流

胃能量流從頭部開始,流經身體下方,最後抵達後腳,再回到身體上方。它保持中央開放,使得能量暢行無阻往下流,而後又往上湧升,從頭到腳淨化調和全身。請別被這股能量流的長度嚇跑了!

胃能量流的按摩對以下的症狀有幫助:
- 對治消化問題
- 減緩腹痛與絞痛
- 平衡腹瀉(左側能量流)與便秘(右側能量流)
- 消除脹氣
- 使體重與食欲平衡
- 處理與皮膚與毛髮有關的所有問題
- 對治過敏
- 對於下巴、口唇、牙齒、牙齦、鼻子、鼻竇與耳朵等頭部區域攸關重要
- 抑制唾液分泌過量
- 平衡荷爾蒙
- 調節肌肉緊繃
- 對糖尿病有效
- 加強腎臟功能
- 減緩緊張不安與「怪行為」

施作於身體左側：

步驟一：請將左手放在左側 SES21（顴骨底部，約莫在鼻子上方）。如果貓咪不喜歡被人摸臉，也可以選擇放在左側 SES12（脖子側面，頸椎中間）。左手在疏通能量期間保持不動。右手按著左側的 SES22（在左側鎖骨下方）。下方右邊照片展示的是正在疏通 SES12。

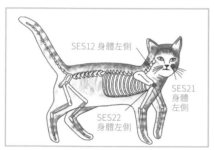

步驟二：右手移向右側 SES14（右側最後一根肋骨下面旁邊）。

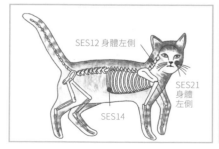

步驟三：現在將右手放在右側的 SES23（最後一根肋骨和脊柱之間）。

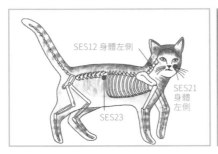

步驟四：請將右手放在左側 SES14（左側最後一根肋骨底部側面）。

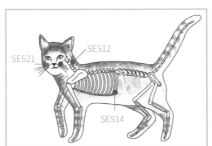

步驟五：右手放置右側 SES1 高處（後腳內側，大約在膝關節上方）。

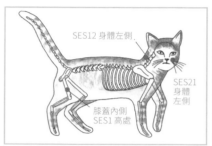

步驟六：右手放在右側 SES8 低處（後腳外側，約莫膝關節下方）。

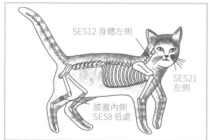

步驟七：現在把右手放在後右腳掌。

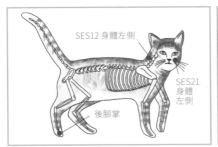 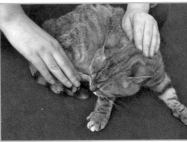

施作於身體右側，請左右交換：

步驟一：右手放在右邊 SES21，也可選擇放在右側 SES12，然後保持不動。左手放在右側 SES22。

步驟二：左手請置於左側 SES14。

步驟三：現在把左手放於左側 SES23。

步驟四：再把左手移到右側 SES14。

步驟五：左手放至左側 SES1 高處。

步驟六：左手請放在左側 SES8 低處。

步驟七：現在將左手放在左側後腳掌。

胃能量流的快捷按握：

請將一手放在 SES22，另一手放在 SES14。

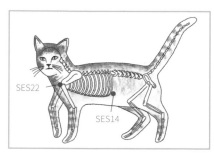

膀胱能量流

膀胱能量流相當簡單,所有的按握都在身體同一側,很容易碰觸。

膀胱能量流能的按握對以下症狀有幫助:
· 具有均衡與和諧的效果
· 能幫助剛從收容所接來的貓咪
· 給予內在深層的安全感與祥和
· 帶來寧靜與穩定
· 平衡羨慕與嫉妒
· 疏通所有膀胱問題
· 減緩背部不適
· 協調肌肉(肌肉痠痛、無力、抽搐、肌肉重建)
· 對心肌功能不全有效
· 幫助消除水腫
· 消除身體疼痛
· 強化膝蓋與小腿肚
· 解毒,促進排泄
· 平衡腹瀉與便秘
· 對抗風濕疾病
· 在去勢或結紮前後非常有幫助
· 消除恐懼,給予信任

施作於身體左側：

步驟一：請將左手放在左側 SES12（頸椎中間），能量
流動全程請勿移開。右手放在尾骨（脊柱底部）。

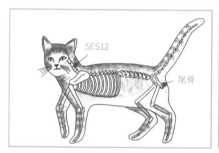

步驟二：右手放在左側 SES8（後腳膝關節外側）。

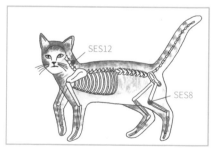

步驟三：接著將右手按著左側 SES16（踝關節外側）。

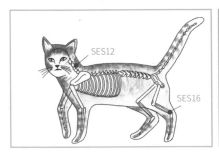

步驟四：現在將右手按向左側後腳掌。

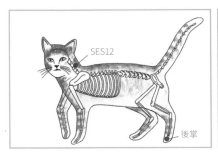

施作於身體右側，請左右交換：

步驟一：請將右手放在右側 SES12，能量流動期間請勿
移開。左手放在尾骨。

步驟二：左手放在右側 SES8。

步驟三：接著將左手按著右側 SES16。

步驟四：現在將左手按向右側腳掌。

膀胱能量流的快捷按握：

一手放在 SES12，另一手放在 SES23。

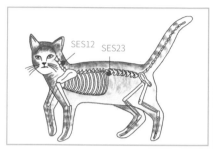

或者一手按著 SES23，另一手按著 SES25（坐骨下方）。

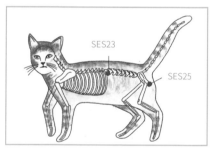

6

CHAPTER

頭部

眼睛

這個按握適用於所有眼疾（眼睛發炎、針眼、屈光不正……），只想強化眼睛也可以按握：請一手放在額頭，位置在有問題的眼睛上面一點（SES20），一手放在身體另一側的脖子上，就在顱骨正下方（SES4）。

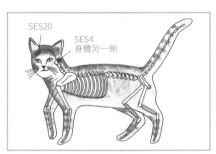

結膜炎／改善視力

結膜包覆眼睛，具有保護作用。健康的結膜非常柔軟透明，灰塵、草花粉，甚至是強風，都會傷害結膜，滋生細菌，導致發炎。異物也可能是造成結膜炎的原因。因病毒和細菌引起的呼吸道感染同樣也可能導致發炎。

請一手放在脖子（兩側 SES4 之間），一手放在胸骨（兩側 SES13 之間）。或者施作與眼睛有關的一般能量流（請見 63 頁）按握。

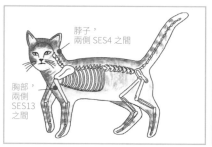 

或者一手放在問題眼睛那側的 SES4，一手放在身體另一側的 SES22（鎖骨）。

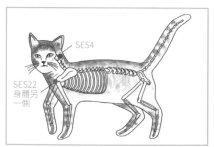 

眼睛有異物

請把左手輕輕放在有異物的眼睛上,或者稍微往上一點的地方,右手則疊放於左手。也可以按著兩側 SES1(後腳膝蓋內側)。

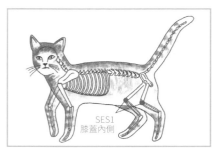

淚腺阻塞

只要外觀沒有可見的變化,雙眼或單眼長時間流淚,原因有可能是淚腺阻塞。淚腺要通暢,請把一手放在兩側 SES12 之間的脖子處,另一手放在尾骨。

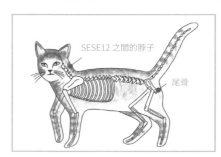

耳朵

聽力

聽力若是損傷,可將一手放在脖子(兩側 SES12 之間),
另一手握住尾骨(請見65頁)。也可以握住兩側 SES5(後
腳踝骨內側)。

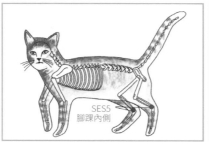

耳朵發炎

耳朵發炎時，為了減輕疼痛，請握住後腳踝骨內側與外側（SES5 與 SES16）。你可以先流動一側身體的能量，接著換邊。或者兩手各握著一側的 SES5 與 SES16，以疏通能量。

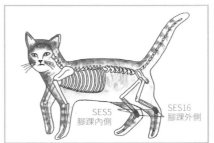

接著一手按住 SES13，另一手放在問題耳朵那側身體的 SES25（坐骨下方）。

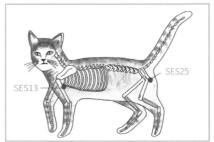

或者一手放在 SES13，一手放在 SES11（頸椎底部）。

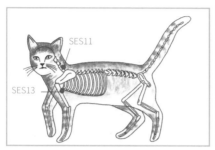 

或左手放在問題耳朵上，或者輕放於上方一點的位置，
右手疊於左手上。

耳蟲

如果你的貓咪老是出現耳蟲，可以施作寄生蟲按握：按
住兩側的 SES19（肘部內側）。或者一手放在耳朵長蟲
子那側身體的 SES19，另一手放在另一側的 SES1。

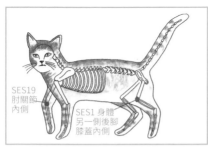

SES19
肘關節
內側

SES1 身體
另一側後腳
膝蓋內側

耳廓潰瘍

耳廓濕疹往往是感染黴菌的關係，不過也可能是耳道發
炎或者抓傷所致。請經常施作脾能量流（請見 46 頁）。
脾能量流對於皮膚非常好，是處理黴菌疾病的好選擇，
也能強化免疫系統。

耳血腫

耳血腫是皮膚和耳軟骨之間出現出血腫脹，原因是貓咪打架導致耳廓受傷。受傷的外耳溫熱，明顯腫起，貓咪多半不會覺得太疼，不過要注意血腫是否消退。若要幫助消血腫，請把右手放在受傷部位，左手放在右手上。

口腔與牙齒

處理口部和牙齒有關的所有毛病,可施作胃能量流(請見 50 頁),或者胃能量流的快捷按握。

牙齦問題

牙齦發炎或者想強化牙齦,請一手同時握住 SES5 與 SES16,另一手放在小腿肚上。

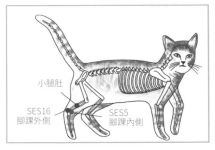

小腿肚

SES16
腳踝外側

SES5
腳踝內側

或者施作胃能量流第一個按握法(請見 51 頁)。

口腔黏膜炎

牙齦炎經常與口腔黏膜炎一起出現，或者說，牙齦炎若
是惡化，便演變成口腔黏膜炎。魚刺、骨頭碎片等異物、
舔舐香料之類的銳利物質、吃了發霉的草等等，都是致
病原因。請參考上述「牙齦問題」所描述的能量按握，
並且疏通脾能量流（請見 46 頁）輔助。

口臭

貓咪口腔味道刺鼻，造成的原因不同，可能吃了氣味濃的食物、胃出了毛病、牙齒有問題、牙齦發炎、口腔黏膜炎，或者有代謝疾病。這些狀況一樣適用疏通胃能量流（請見 50 頁）。胃能量流能整治消化，對付所有口部與牙齒有關的毛病。

若要調節新陳代謝，請跨接 SES25 與 SES11。

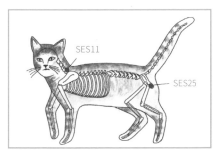 

若是跨接能量後仍舊無法改善，請找獸醫治療。

潰瘍與贅疣

有些貓咪天生容易牙齦潰瘍或是嘴唇潰爛，這時請施作胃能量流（請見 50 頁），因為它是強化口腔健康的主要能量流。脾能量流則可以調整一切失衡，尤其是潰瘍、囊腫和贅疣。

請跨接 SES24（後腿跗骨外側）和 SES26（肋骨旁的腋窩處），疏通能量。

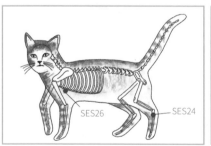

7

CHAPTER

呼吸道

上呼吸道
流鼻水
鼻竇炎
貓流感

。

頸部
咽炎
喉炎

。

下呼吸道
咳嗽與支氣管炎
乾咳
肺炎

chapter

seven

若要處理病毒和細菌造成的疾病，請記得時時疏通 SES3
的能量，若要取得最佳效果，請與 SES15（腹股溝）跨接。

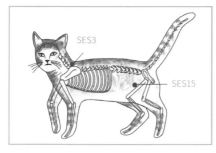 

重要安全能量鎖

SES 3
‧位置：肩胛骨上方與脊柱之間。
‧功效：強化免疫系統、淋巴系統、腿部與運動
　功能，預防過敏。

SES 10
‧位置：背部上端，肩胛骨中間與脊柱之間。
‧功效：按壓此處能提振活力、生命力，帶來喜悅；
　也有助於聲音與喉頭，調和血壓與循環問題。

上呼吸道

流鼻水

一手放在 SES3，另一手放在 SES11（頸椎底部）。

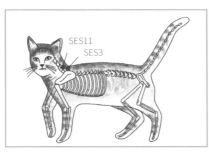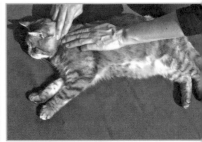

或者兩手按住 SES21（顴骨底部）。

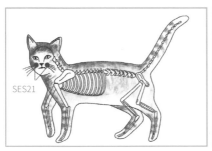

鼻竇炎

跨接 SES21 與 SES22（鎖骨）。

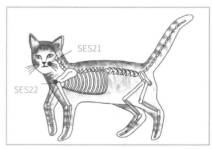

或者一手按住 SES11，一手握住身體另一側的前腳掌。

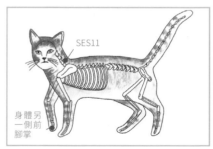

貓流感

貓咪呼吸道受到感染的各種疾病通稱貓流感，這類傳染病最後會導致呼吸道和眼睛發炎。病毒、細菌和寄生蟲都可能是致病原。世界各地的貓咪都有機會受到感染，尤其是經常與其他貓咪接觸的年輕成貓。貓流感對於年輕成貓與免疫系統衰弱的動物特別危險，可能形成慢性病或者造成永久傷害。

強化貓咪的免疫系統非常重要，而強化免疫系統的主要能量流是脾能量流（請見 46 頁）。請隨時強化 SES3 的能量，最好一起跨接 SES15（請見 77 頁）。

請一手放在 SES19（肘部內側），一手放在 SES19 高處（約莫 SES19 上方一個腳掌寬），跨接兩者的能量。先施作於身體一側，然後換另一側。或者也可以雙手同時按住兩側的 SES19 與 SES19 高處。

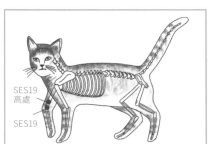

SES19
高處

SES19

頸部

咽炎

一手放在 SES11 與 SES3，一手握在身體另一側的前腳掌。

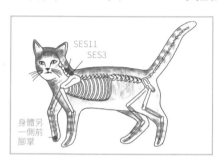

或者一手放在 SES11 和 SES3，一手握住身體另一側的
SES13。

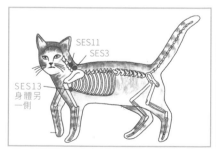

喉炎

請見前節〈咽炎〉。
或者一手放在 SES10，一手放在 SES19。

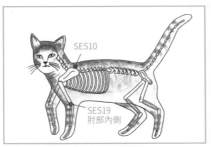

下呼吸道

咳嗽與支氣管炎

一手放置 SES10，一手置於 SES19（請見左頁圖示）。

或者同時流動 SES14（最後一根肋骨）與 SES22 的能量。

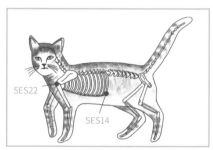

施作初次集中能量流按握（請見 31 頁）能同時減緩咳嗽
與支氣管炎。

乾咳

要紓解乾咳問題，請將雙手放在前腳內側，約 SES19 斜上方一點。

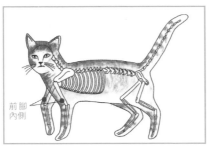

前腳
內側

肺炎

想要強化肺部，請跨接 SES14 與 SES22。或者疏通 SES3（又被稱為抗生素能量流）與 SES15（請見 77 頁）的能量。

8

CHAPTER

心臟與循環系統

心臟病與心臟衰弱
。
血液循環不良

chapter
eight

幸運的是，貓咪很少罹患心臟與循環系統方面的疾病。

心臟病與心臟衰弱

如果你的貓咪罹患心臟病，除了找獸醫治療，也可以啟動能量流幫助貓咪。請跨接左側 SES15（腹股溝）與左側 SES17（前腳腕關節）。

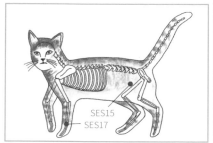

也可以跨接左側 SES11（頸椎底部）與左側 SES17（前腳腕關節）。

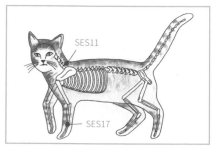

血液循環不良

強化循環，例如緊張過度、虛脫無力或者嚴重腹瀉，請
跨接兩側 SES17。

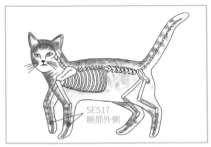

也可以一手按住 SES10（背部上端，肩胛骨中間與脊柱
之間），一手握住 SES19 高處。

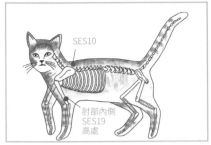

9

CHAPTER

消化器官

chapter

nine

胃部

與胃部有關的毛病都適用胃能量流（請見 50 頁）。

嘔吐

貓咪偶爾吐出毛球或吃草是正常的，那是為了排除體內有害物質。但如果頻繁嘔吐，就必須求助醫生。疏通能量流，對你的貓咪也有很大的幫助。請跨接兩側的 SES1（膝蓋內側）。

或者一手按住 SES1，一手按住 SES14（最後一根肋骨）。

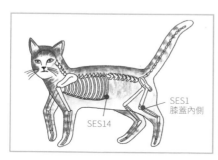

胃痛與胃絞痛

若要緩解胃絞痛，請將雙手按住兩側 SES1。

SES1
膝蓋內側

也可以跨接 SES1 高處（SES1 上面約一掌寬）與 SES8 低處（SES8 下方約一掌寬）。

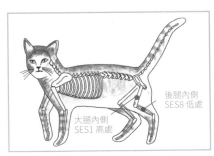

大腿內側
SES1 高處

後腿內側
SES8 低處

胃炎

造成胃發炎的原因不只一種，吃下不消化的植物、清潔
毛髮時吞進有害物質、狂飲汙水，或者受到感染以及滋
生寄生蟲，都可能引發胃炎。胃炎有時候會伴隨嘔吐，
有時候則否。

以下的能量流疏通可幫助你的貓咪。施作胃能量流（請
見 50 頁）。

或者跨接 SES14 與身體另一側的 SES1 高處。

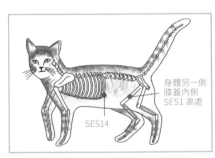

飲食障礙

脾能量流（請見 46 頁）能夠調和攝食行為，整治胃口不佳、拒絕進食、食欲旺盛、貪食、愛吃垃圾等。胃能量流（請見 50 頁）也能平衡體重與食欲。

消瘦

貓咪若是逐漸消瘦，同樣可疏通胃能量流（請見 50 頁）與脾能量流（請見 46 頁）。請記住，消瘦的原因也可能是因為腸道寄生蟲（胃口正常、進食也正常，但體重下降，請見 98 頁），或者罹患甲狀腺疾病。過度消瘦，請務必找獸醫診治。

腸

便秘

若非罹患嚴重疾病，那麼便秘的原因很可能是運動不足
（尤其是家貓）、偏食、攝取太多高纖植物，或者毛球
阻塞了腸道。請確保你的貓咪隨時隨地能喝到新鮮的水。
要消除便秘的毛病，請握住兩側的 SES1（膝蓋內側）。
或者一手按握 SES11（頸椎底部），一手握住身體另一
側的前腳掌。

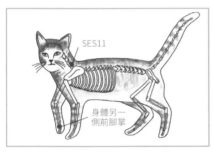

腹瀉

腹瀉的原因很多，若是一天內無法透過能量流通改善狀況，且貓咪整體健康受到損害，請找獸醫釐清病因。

請跨接兩側的 SES8。

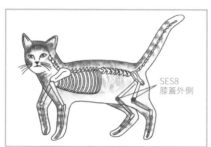

SES8
膝蓋外側

也可以一手放在右側 SES8，另一手放在右側 SES1 高處（約莫 SES1 上方一個腳掌處）。

SES8

膝蓋內側
SES1 高處

腸絞痛

要穩定腸道，請一手按住 SES19（肘部內側）高處，一手按住身體另一側 SES1。

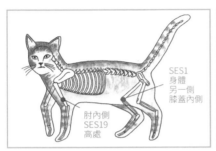

腸道寄生蟲

如果貓咪老是有寄生蟲,請經常按握兩側的 SES19。

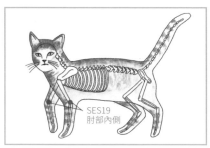

也可先跨接身體一側 SES3(肩胛骨上方與脊柱之間)和 SES19,再換握另一側。

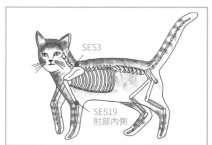

肝臟

肝臟是最大的排毒器官。要強化肝臟功能,一手放在左側 SES4(顱底下方),一手放在右側 SES22(鎖骨)。

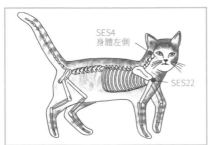

若要排毒,請一手按住 SES12(頸椎中間),一手按住 SES14。

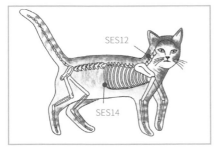

或者同時流動 SES23（最後一根肋骨和脊柱之間）與 SES25（坐骨下方）的能量。

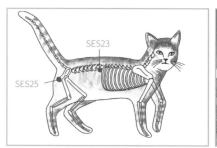

胰臟與脾臟

胰臟

要強化胰腺，請按住兩側的 SES14。

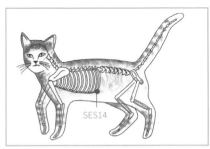

也可以一手按住 SES14，一手放在身體另一側的 SES1 高
處（大約 SES1 一個腳掌高）。

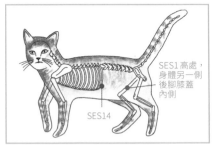

糖尿病

貓咪也可能受糖尿病所苦。除了求助獸醫治療,也可施作下列能量流動,幫助貓咪。

施作於身體右側:
步驟一:右手放在右側 SES23,左手按著右側 SES14。

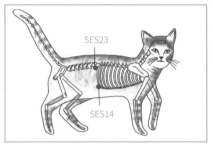

步驟二:右手放在右側 SES23,左手跨接在右側 SES21(顴骨底部),促進能量流動。

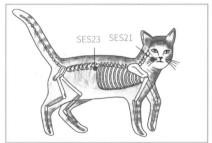

施作身體左側，請左右交換：

步驟一：左手放在左側 SES23，右手放在左側 SES14。

步驟二：左手放在左側 SES23，右手跨接在左側 SES21，促進能量流動。

泌尿系統

膀胱

。

腎臟

腎臟炎

腎結石與膀胱結石

膀胱

所有膀胱問題（如發炎、麻痺）都可因為施作膀胱能量
流（請見 56 頁）而得到改善，恢復平衡。

你也可以施作快捷按握：一手放在兩側 SES12（頸椎）
之間，就在頸椎中間，另一手放在尾骨。

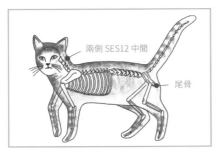

也可以跨接 SES4（顱底下方）與 SES13（胸），通暢能量。

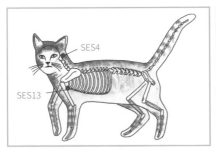

腎臟

腎臟炎

施作於身體右側：
步驟一：一手先跨接左側 SES3（肩胛骨上方與脊柱之間）
與左側 SES15（腹股溝）。

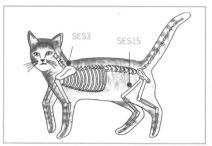

步驟二：接著一手放在恥骨（照片上只以指尖跨接能量，
因為以手掌按住的話，貓咪會覺得不舒服），另一手握
住左後腳掌。

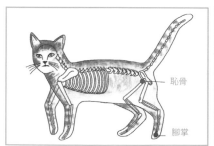

施作於身體左側，請左右交換：

步驟一：一手放在右側 SES3，一手置於右側 SES15。

步驟二：一手放在恥骨，另一手握住右後腳掌。

如果貓咪不喜被人觸碰恥骨，就請一手按著脖子，另一手放在尾骨。

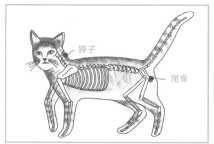

脖子

尾骨

腎結石與膀胱結石

一手請同時握住後腳踝內、外側的 SES5 與 SES16，另一手放在 SES23（最後一根肋骨與脊柱之間）。先按握身體一側，接著再換另一側。

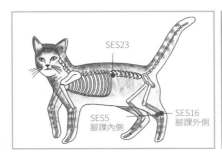

也可以流動 SES23 與 SES14（最後一根肋骨）的能量。

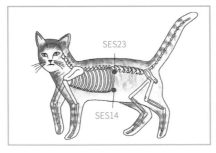

11
CHAPTER

生殖器官

chapter
eleven

雄貓生殖器官

睪丸發炎

一手請握住 SES5（後腳踝內側）與 SES16（後腳踝外側），
另一手按著 SES3（肩胛骨上方與脊柱之間）。

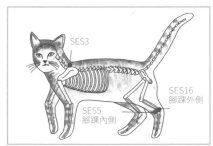

前列腺

請強化脾能量流的流動（請見 46 頁）。
或者一手放在胸部，另一手放在尾骨。

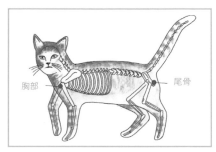

雌貓生殖器官與產科

懷孕

SES22（鎖骨）是幫助適應新狀況（懷孕、分娩、產後）的重要能量鎖，尤其是初次生產的貓咪。

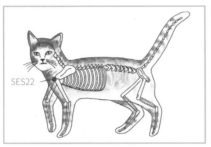

你可以在貓咪懷孕期間經常施作監督者能量流（請見 40 頁），幫助懷孕過程順利。SES5 與 SES16 一起按握，則能提供子宮能量。

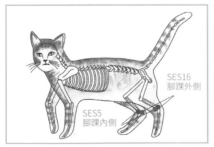

產前準備

SES8（膝蓋外側）能讓骨盆柔軟，為分娩做好準備，打開產道。SES22 也能讓身體做好分娩準備。你可以跨接兩個能量鎖，讓能量流動。

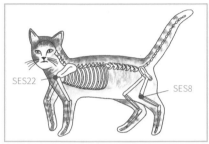

助產

貓咪多半是獨自生產，相對比較隱密，這時請讓貓咪自行處理。不過也有貓咪還是親近人類，想讓人觸摸，你就可以跨接貓咪身上 SES13（胸）與 SES4（顧底下方），幫助牠放鬆，生產順利。

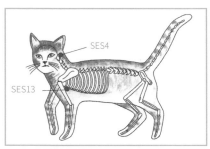

一手放在 SES8，一手按住骶骨，對於一般生產過程有幫助，並能促使子宮收縮。

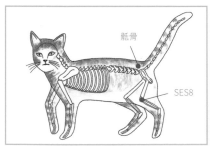

陣痛

SES5 與 SES16 的能量若暢通無阻，能夠減輕分娩的疼痛。

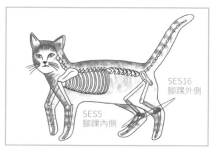

子宮無力或者陣痛劇烈

SES1（請見 155 頁）可促使一切運動，有助於生產過程順利。如果生不出來或者進展太快，請跨接 SES20（額頭）與 SES22（顴骨底部）兩處。

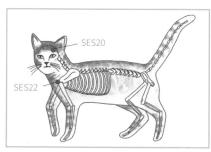

新生貓崽的呼吸問題

新生貓崽一旦出現呼吸問題，請按握兩側的 SES4。

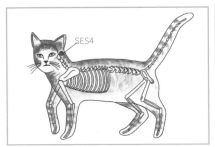

奶水不足與奶水太多

貓咪多半會自己調節乳量，但若不會或者無法自行調節，請施作脾能量流（請見 46 頁），讓你來幫助貓咪。

你也可以一手放在 SES22，一手放在 SES14（最後一根肋骨）上。

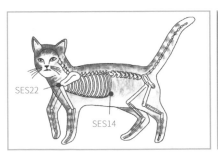

乳腺發炎

一手請先放在 SES3，另一手按著 SES15（請見 77 頁）。
接著請疏通 SES19 高處（約高於 SES19 一個腳掌距離）
和身體另一側 SES1 高處（約高於 SES1 一個腳掌距離）。

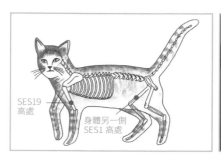

假性懷孕

請先跨接身體一側的 SES10（背部上端，肩胛骨中間與脊柱之間）與 SES13，再換另一側施作。

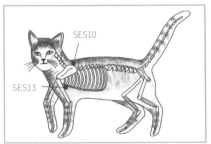

12
CHAPTER

皮膚與毛髮

脫毛
。
毛髮無光澤
。
濕疹
。
癤瘡與膿瘡
。
搔癢
。
皮癬
。
皮屑
。
過敏

chapter
twelve

胃能量流（請見 50 頁）是皮膚與毛髮的專家。如果你的貓咪有皮膚病或者脫毛問題，請多多流動這股能量流。不過除了能量流動，也請你一定要確認貓咪的飲食健康均衡。

脫毛

除了施作胃能量流（請見 50 頁），也請流動 SES14（最後一根肋骨）與身體另一側的 SES22（鎖骨）能量。

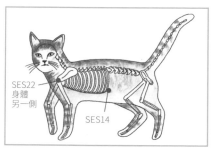

脫毛的可能原因也包括內臟慢性疾病、寄生蟲、細菌或者荷爾蒙失調，請務必找獸醫釐清脫毛的原因！

毛髮無光澤

貓咪毛髮若無光澤，請經常施作脾能量流（請見 46 頁）。

濕疹

請經常施作 SES3（肩胛骨上方與脊柱之間）與 SES19（肘部內側）的能量流通。

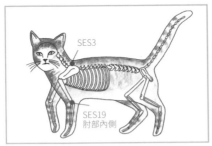

你也可以同時跨接 SES14 與 SES22。

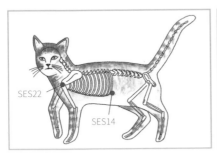

癤瘡與膿瘡

想要擺脫癤瘡、膿瘡，請你左手放在膿瘡，右手疊放在左手上。

若是身旁還有其他人，可以一起搭一座「疊疊手山」：你把左手放在膿瘡上，右上疊在左手，下一個人把左手放在你的右手上，他的右手再疊於自己左手上，以此類推。這樣能夠加快治療過程。

搔癢

要止緩搔癢,請跨接 SES3 與 SES4(顱底下方)的能量。

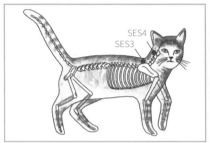

皮癬

脾能量流(請見 46 頁)只要流動無阻,有助於對抗各式各樣的黴菌病。

皮屑

貓咪皮屑過多,請調和胃能量流(請見 50 頁)與脾能量流的能量。

過敏

過敏與食物不耐症不是人類的專利，現在也是貓咪普遍的問題。引發過敏的原因很多，通常只能推測可能的關聯。簡單來說，過敏就是免疫系統出問題，免疫系統對抗了其實不該對抗的物質，所以要治療過敏，調和免疫系統非常重要。

SES3 這個能量鎖能夠促使免疫系統運作良好。SES3 是一道能夠打開的大門，趕走病毒和細菌；身體也藉由這道門，接收潔淨的新能量。

請跨接 SES3 與 SES15（腹股溝）。

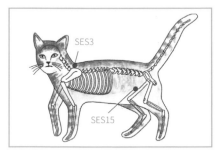

脾能量流（請見 46 頁）也能夠強化免疫系統。另外，對付過敏還有一個重要跨接：一手握住 SES19，另一手按著 SES1。

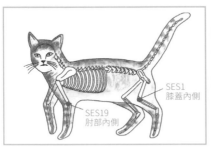

此外，對付所有過敏問題還有一道基本能量鎖是 SES22。請跨接 SES22 和 SES14。

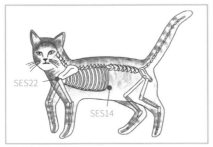

施作初次集中能量流（請見 31 頁），也非常有幫助。

13
CHAPTER

大腦

癲癇
。
中風與腦出血

chapter
thirteen

癲癇

癲癇是從腦部而來的癲癇性發作，症狀是痙攣、肌肉抽動或者持續肌肉緊繃，多半伴隨昏厥、行為和性格改變、大小便失禁。情況視個案而有不同，也就是根據發作的劇烈程度。癲癇可能是天生（動物多半是在兩歲左右發病），也可能因為罹患了其他疾病的關係。

除了接受獸醫治療之外，你可以施作以下按握幫助貓咪：經常按握兩隻後腳掌。或一手按著脖子，一手放在額頭。

跨接 SES12（頸椎中間）與 SES14（最後一根肋骨）。

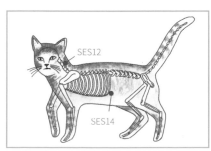 

中風與腦出血

貓咪很少中風或腦出血，若是會中風，多半年紀也很大了。請每天施作腳掌能量流（請見 34 頁）。

14
CHAPTER

神經系統

肌肉抽搐
。
麻痺

chapter
fourteen

肌肉抽搐

肌肉抽搐很可能是各種神經疾病的併發症，包括神經系統失調，或者肌肉神經細胞出問題。請先洽詢獸醫，釐清病況。不過，肌肉抽搐也未必表示貓咪生了病，有時候只不過是神經暫時受到刺激。

請跨接 SES8（膝蓋外側）與 SES17（腕部外側）的能量。

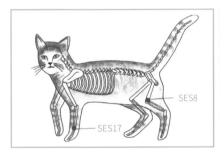

麻痺

出現麻痺狀況時，請先後施作下面的按握法：

施作於身體右側：
步驟一：請將左手放在身體右側 SES4（顱底下方），右手放在右側的 SES13（胸）。

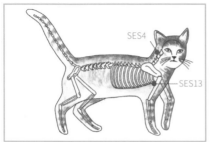

步驟二：右手接著放在右側 SES16（後腳踝外側），左手放在右側 SES15（腹股溝）。

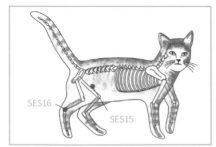

施作於身體左側，請左右交換：

步驟一：右手放在左側 SES4，左手放在左側 SES13。

步驟二：接下來把左手放在左側 SES16，右手放在左側 SES15。

15
CHAPTER

運動系統

背部與脊椎
。

肌肉
肌肉痙攣
。

韌帶、肌腱與關節
扭傷與拉傷
強化韌帶與肌腱
關節炎
退化性關節炎
。

骨頭
骨折
強化骨骼

chapter
fifteen

背部與脊椎

請一手放在 SES2（骨盆上端），另一手先後放在後腳兩個腳掌。這個按握法有所謂的「整脊師能量流」之稱。

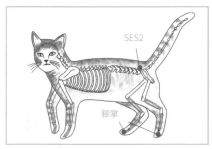

對治背部所有毛病的重要能量流是膀胱能量流（請見 56 頁）。腳掌能量流（請見 34 頁）也能調整背部與椎間盤。

肌肉

要強化肌肉系統，減少肌肉發炎、拉傷、過度疲勞、顫抖、肌張力太高或太低、肌肉痛等等，可一手放在 SES8（膝蓋外側），一手同時按住後腳踝內、外側的 SES5 與SES16。

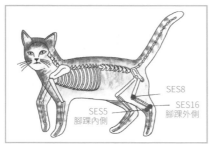

肌肉痙攣

請按著兩側 SES8，或者跨接 SES8 與身體另一側的 SES1（膝蓋內側）。

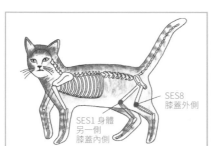

韌帶、肌腱與關節

扭傷與拉傷

如果前腳扭傷,請握住受傷那隻腳的腕關節。
後腳扭傷,請一手握住身體另一側的前腳腕關節,另一
手按在與前腳同側身體的 SES15(腹股溝)。

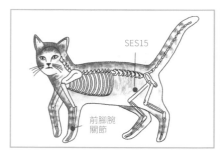

或者一手握住受傷部位,一手放在同側身體的 SES15。

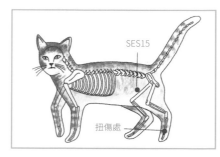

強化韌帶與肌腱

想強化韌帶和肌腱,一手放在 SES4(顱底下方),一手放在 SES22(鎖骨)。

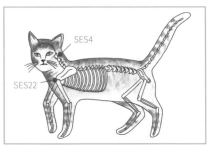

關節炎

一手放在 SES12（頸椎中間），另一手跨接在 SES14（最後一根肋骨）。

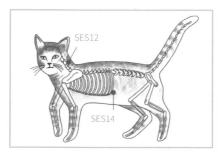

若要減輕疼痛，治療發炎，請一手按握 SES5 與 SES16，另一手放在 SES3（肩胛骨上方與脊柱之間）上。

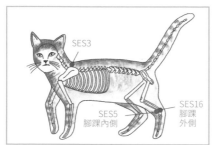

退化性關節炎

請疏通 SES13（胸）與 SES17（腕部外側）的能量。

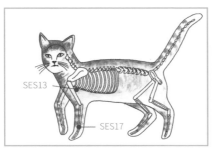

流動 SES1 的能量，可促進運動，提高靈活度。你可按握兩側 SES1（請見 65 頁），或者跨接 SES1 與 SES19 高處（約莫 SES19 上方一個腳掌寬）。

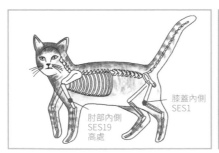

骨頭

骨折

雙手壓覆腹股溝 SES15,有助於骨折復原。此外,也可以同時流動 SES15 與 SES3 的能量。

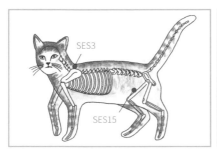

強化骨骼

要強化骨骼,請跨接 SES13 與身體另一側的 SES11 (頸椎底部)。

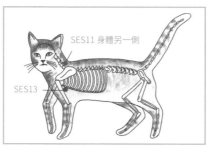

16

CHAPTER

免疫系統

chapter

sixteen

要擁有健康與活力，就要有功能健全的免疫系統。為貓
咪施作能量流動，會同步自動強化牠的免疫系統，啟動
自我療癒的能力。

有助於免疫系統運作健全最重要的安全能量鎖是 SES3
（肩胛骨上方與脊柱之間）。只要疏通 SES3，能量和諧
暢行，即使是存在身體裡已久的病毒和細菌都能排出體
外，不會賴著不走，引發疾病。跨接 SES3 與 SES15（腹
股溝。請見 77 頁），也可以抑制、排除剛出現的感染。

以下幾股能量流在調和免疫系統上效果卓著，強大活躍。
· 正中能量流（請見 35 頁）
· 監督者能量流（請見 40 頁）
· 脾能量流（請見 46 頁）

你也可以跨接 SES19（肘部內側）與 SES19 高處。

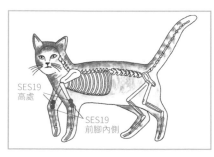

17

CHAPTER

腫瘤

能量流動，自然不會產生壞的堆積。流動，能夠讓能量流再度啟動，清除老舊硬物。仁神術能夠協調身心，逐漸恢復一切平衡，包括細胞生長在內。

SES1 這個原初運動能量，能讓一切流通順暢，解除堆積淤塞。

脾能量流（請見 46 頁）能把光帶入細胞，消除腫瘤與淤積。也請經常施作正中能量流（請見 35 頁）。

跨接 SES20（額頭）與身體另一側 SES19（肘部內側）的
背面，再交換按握，能促進細胞更新。

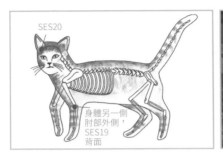

此外，請經常施作監督者能量流，幫助貓咪能量和諧（請
見 40 頁）。

對治惡性腫瘤的重要按握是：請一手放在 SES24（後腿
跗骨外側。有助調和混亂），一手放在 SES26（肋骨旁
的腋窩處）。這按握對囊腫也有效。

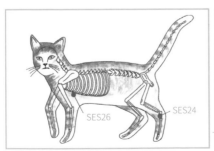

18

CHAPTER

水腫與傳染病

chapter
eighteen

水腫

要消除水腫，請施作膀胱能量流（請見 56 頁）。

傳染病

如果你的貓咪得了傳染病，例如貓流感、貓白血病、貓免疫不全病毒、貓傳染性腹膜炎等等，務必盡快送醫。

若要預防貓咪生病，可以透過啟動能量流，來強化貓咪的免疫系統（請見 151 頁），讓牠能夠對付各種毛病與不適。

19

CHAPTER

行為與精神狀況

害怕與恐慌
。
不安與神經質
。
膽怯
。
貪嘴
。
爭吵與攻擊
。
冷落與虐待
。
畏聲

chapter

nineteen

害怕與恐慌

處理恐懼的重要能量流是正中能量流（請見 35 頁），能把一切聚集到中心，賦予貓咪深層的信任感。

一手放在兩側 SES4（顱底下方）、12（頸椎中間）與 11（頸椎底部）區域（都在脖子附近），一手按著兩側 SES22（鎖骨下方）。

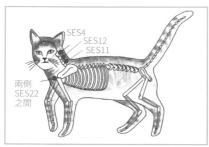

不安與神經質

如果貓咪極度不安，恐懼害怕，請經常施作正中能量流（請見 35 頁），並且跨接兩側 SES17 與兩側 SES18 的能量。

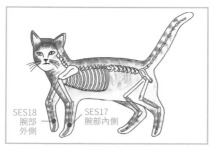

膽怯

正中能量流能（請見 35 頁）幫助貓咪克服膽怯。或者，一手放在 SES23（最後一根肋骨與脊柱之間），一手放在 SES26（肋骨旁的腋窩處）。

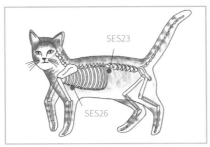

貪嘴

請按著 SES14（最後一根肋骨）與 SES19 高處（SES19 上方約一個腳掌高）。

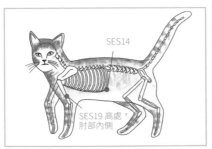

爭吵與攻擊

如果你的貓咪容易吵鬧，請你做好基礎能量調和，例如施作正中能量流（請見 35 頁）。

或者同時施作 SES24（後腿跗骨外側）與 SES26 能量流。

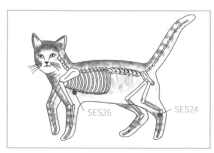

一手按著兩側 SES4（脖子中間），一手放在兩側 SES22（鎖骨下方），疏通能量。

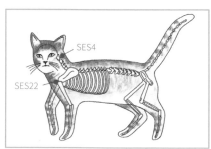

冷落與虐待

如果你的貓咪在前一個主人處受到冷落，可以施作脾能量流（請見 46 頁），平衡不協調的狀態。

初次集中能量流（請見 31 頁）的按握，也能協助貓咪逐漸消化負面經驗。

畏聲

如果你的貓咪對聲音非常敏感，你可以一手同時按住 SES22（鎖骨）與 SES13（胸），一手放在 SES17（腕部外側），啟動能量流動。

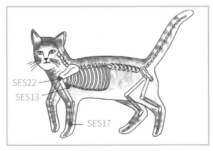

脾能量流（請見 46 頁）也可幫助調整形形色色的過度敏感反應。

20
CHAPTER

受傷與緊急狀況

chapter
twenty

傷口與咬傷

處理流血的傷口，右手置於傷口或繃帶上，位置往上一點也可以，左手請放在右手上（請見左側照片）。先放右手，可以防止出血，讓該留身體裡能量的留著。

傷口若是化膿，則是左手置於傷口或繃帶，上方一點的位置也可以，右手疊放在左手上（請見右側照片）。先放左手，可幫助排除必須排出體外的東西。

請注意，別擔心萬一會搞錯左右兩手，發生壞的影響與結果。能量流動始終與身體智能連結互動，假如你混淆了兩手位置，身體自然會扭轉流動，萬一放錯位置，頂多只是效果出現得比較慢，不會造成其他損害。

戳傷、裂傷、刺傷

左手置於受傷部位，也可以放在上面一點的位置，右手再疊放在左手上。

燒傷

請將雙手併放在燒傷部位，或者放在稍微上方的位置。

骨折

雙手一起放在兩側 SES15（腹股溝）。或者一手放在骨折處，另一手放在同側身體的 SES15。

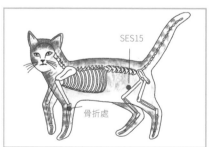

SES15

骨折處

腦震盪

請現先跨接兩側 SES4（顱底下方）。

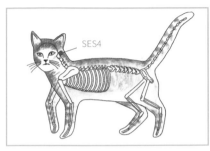 

接著握住兩隻後腳。

瘀青

右手放在瘀青部位，左手放在右手上。

休克

休克是危及生命的循環系統疾病，動物只要休克，一定要馬上請醫生診治！

造成休克的原因各式各樣，例如熱中暑、受傷嚴重出血、撕咬、中毒、過敏、意外等等。貓咪若是休克，多半靜靜不動，而且呼吸短淺、脈搏加劇、虛弱無力、平時粉紅色的黏膜變得蒼白，以及全身冰冷等。

按住兩側 SES1（膝蓋內側）可以先為貓咪急救。請一定要盡快帶貓咪去看醫生。

中毒

貓咪一旦中毒，請盡快送醫。兩手交叉按住兩側 SES1（請見左頁），可先為貓咪急救。

另外，也可跨接 SES21（顴骨底部）與 SES23（最後一根肋骨和脊柱之間）。

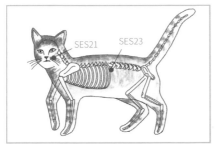

熱中暑與熱衰竭

注意：請勿快速為貓咪降溫！
先把貓移到陰涼處，拿毛巾弄溼牠的毛，給牠水喝，或者滴幾滴水在舌頭上。

急救中暑貓咪的按握法是：按著兩側 SES4（請見 171 頁）。或者按著兩側 SES7（請見 26 頁）。

嗆傷與呼吸困難

請握住 SES1。或者跨接 SES1 與 SES2（骨盆上端）。

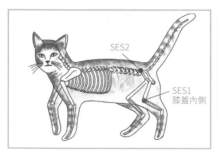

手術

手術前後都請按握兩側 SES15。

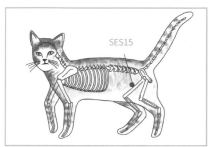

疼痛

跨接後腳踝內、外側的 SES5 與 SES16 可以減緩各式各樣的疼痛。

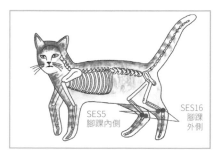

安樂死

如果貓咪瀕臨死亡，可以跨接 SES4（顱底下方）與
SES13（胸），幫助牠平靜地度過最後時期。

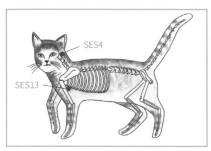

SES4 是重要的能量鎖，能幫助面對各種過渡時期。據說
這個能量鎖能阻止尚未臨門的死亡，也能幫助臨終貓咪
順利離開。

21
CHAPTER

其他狀況

如廁訓練

。

骯髒

。

中和藥物副作用

。

減輕疫苗反應

chapter
twenty one

如廁訓練

請施作膀胱能量流（請見 56 頁）。

骯髒

如果貓咪不太重視身體清潔，請一手放在兩側 SES12（頸椎）之間的脖子上，一手放在尾骨。

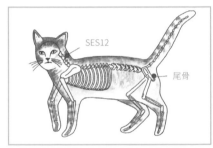

中和藥物副作用

疏通 SES21（顴骨底部）與 SES23（最後一根肋骨與脊柱之間）的能量，可中和藥物的副作用。請先施作於身體一側，然後換邊。

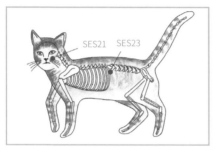 

請按著兩側 SES22（鎖骨），或者跨接 SES22 與 SES23。

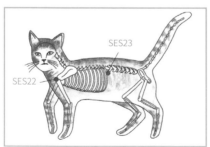 

減輕疫苗反應

請施作脾能量流（請見 46 頁），或者跨接 SES23 與
SES25（坐骨下方）的能量。

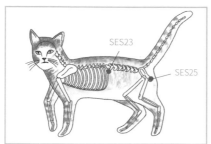

AFTERWORD

後 記

請持續不懈施作仁神術。

仁神術美妙、簡單，而且效果驚人，可幫助你的貓咪強
壯面對各種生活情境，調和失衡狀況。讓生命能量再度
流動，身體自我療癒力重新活躍，貓咪也變得均衡和諧，
病症消除，明顯更加舒服與放鬆。當然也更健康！

為貓咪施作仁神術不需要耗費太多時間，因為很快就能
啟動牠的能量，多半幾分鐘就夠了。而你自己也會感覺
更有力量，也更放鬆。

祝福你不斷擁有美好的能量流動經驗。

獻上誠摯的祝福
蒂娜・史丁皮格・盧汀瑟（Tina Stümpfig-Rüdisser）

ACKNOWLEDGEMENT

致 謝

感謝村井次郎（Jiro Murai）先生再度找回仁神術，謝謝瑪麗‧柏邁斯特（Mary Burmeister）女士將這門學問帶入西方世界，我們才有機會接觸仁神術。感謝讓我得以學習仁神術、並且能持續學習的導師。十二萬分謝謝我父親厄溫‧韋柏（Erwin Weber）繪製貓咪插圖。

感謝本書各個朋友與貓咪等模特兒的支持：龍雅與諾拉和他們的卡羅斯，阿涅特與她的伊莎貝拉，以及我的女兒亞娜、米拉、薩瑪雅與露西亞和貓咪米寇西與倫娜。

所有與他們的動物參與「冒險能量流」的人，謝謝他們的愛心與耐性。

超簡單！貓咪健康按握術 —— 每天十分鐘，輕鬆按按保平安
Jin Shin Jyutsu: Heilströmen für Katzen

作者	蒂娜・史丁皮格・盧汀瑟（Tina Stümpfig-Rüdisser）
譯者	管中琪

總編輯	瞿欣怡
編輯協力	郝力之
美術設計	林宜賢

社長	郭重興
發行人兼出版總監	曾大福

出版者	小貓流文化
發行	遠足文化事業有限公司

地址	231 新北市新店區民權路 108-4 號 8 樓
電話	02-22181417
傳真	02-22188057
客服專線	0800-221-029
郵政劃撥	帳號：19504465　戶名：遠足文化事業有限公司

法律顧問	華洋法律事務所／蘇文生律師

共和國網站	www.bookrep.com.tw
小貓流網站	www.meoway.com.tw
ISBN	978-986-96734-2-6

定價	380 元
初版	2019 年 4 月

Jin Shin Jyutsu: Heilströmen für Katzen
© 2016 Schirner Verlag. Darmstadt, Germany

國家圖書館出版品預行編目 (CIP) 資料

超簡單！貓咪健康按握術 / 蒂娜 . 史丁皮格 . 盧汀瑟 (Tina Stümpfig-Rüdisser) 著；管中琪譯 . -- 初版 . -- 新北市：小貓流文化出版：遠足文化發行 , 2019.04
　面；　公分
譯自：Jin shin jyutsu : heilströmen für Katzen
ISBN 978-986-96734-2-6(平裝)
1. 貓 2. 寵物飼養 3. 按摩
437.364　　　　　　　　　　　　　　　　　　　　　　108002935